保护气象设施和气象探测环境

——小百叶箱家的故事

中国气象局政策法规司
中国气象局气象宣传与科普中心 ◎编著

气象出版社
China Meteorological Press

图书在版编目（CIP）数据

保护气象设施和气象探测环境：小百叶箱家的故事 / 中国气象局政策法规司，
中国气象局气象宣传与科普中心编著．—北京：气象出版社，2019.3（2020.12
重印）

ISBN 978-7-5029-6943-1

Ⅰ.①保⋯　Ⅱ.①中⋯ ②中⋯　Ⅲ.①气象观测—装备保障②气象观测—环境保
护　Ⅳ.① P41

中国版本图书馆 CIP 数据核字（2019）第 043560 号

策　　划：李晓露　刘　波　　　　　美　　编：李　晨
统　　筹：冯翠敏　康雯瑛　　　　　脚　　本：丁雪松
插　　图：王　凡

保护气象设施和气象探测环境——小百叶箱家的故事

Baohu Qixiang Sheshi He Qixiang Tance Huanjing —— Xiao Baiyexiang Jia De Gushi

中国气象局政策法规司　中国气象局气象宣传与科普中心　编著

出版发行：气象出版社

地　　址：北京市海淀区中关村南大街 46 号　　　　邮　　编：100081
电　　话：010-68407112（总编室）　　010-68408042（发行部）
网　　址：http://www.qxcbs.com　　　　　E-mail：qxcbs@cma.gov.cn
责任编辑：邵　华　栗文瀚　　　　　　　终　　审：张　斌
责任校对：王丽梅　　　　　　　　　　　责任技编：赵相宁
封面设计：李　晨
印　　刷：北京地大彩印有限公司
开　　本：880mm×1230mm 1/24　　　　印　　张：1
字　　数：10 千字
版　　次：2019 年 3 月第 1 版　　　　　印　　次：2020 年 12 月第 2 次印刷
定　　价：5.00 元

营造良好的气象探测环境，获得准确气象数据对天气预报至关重要！

气象观测场

我是百叶箱，气象探测设施的一员。
我们是一个大家族。
各类气象观测场是我们的家。

如：大气本底站
国家基准气候站
国家基本气象站
国家一般气象站
......

气象观测场

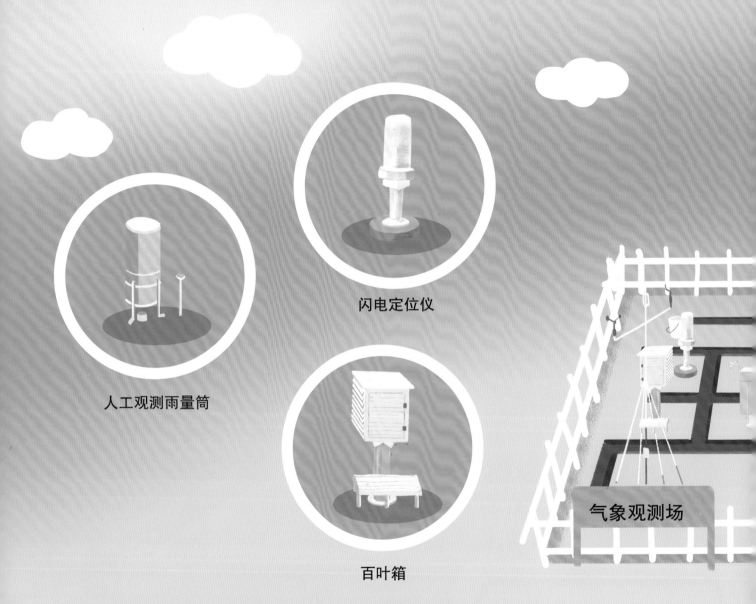

人工观测雨量筒

闪电定位仪

百叶箱

气象观测场

我们通过观测为气象预报、服务等工作提供基础的气象数据。

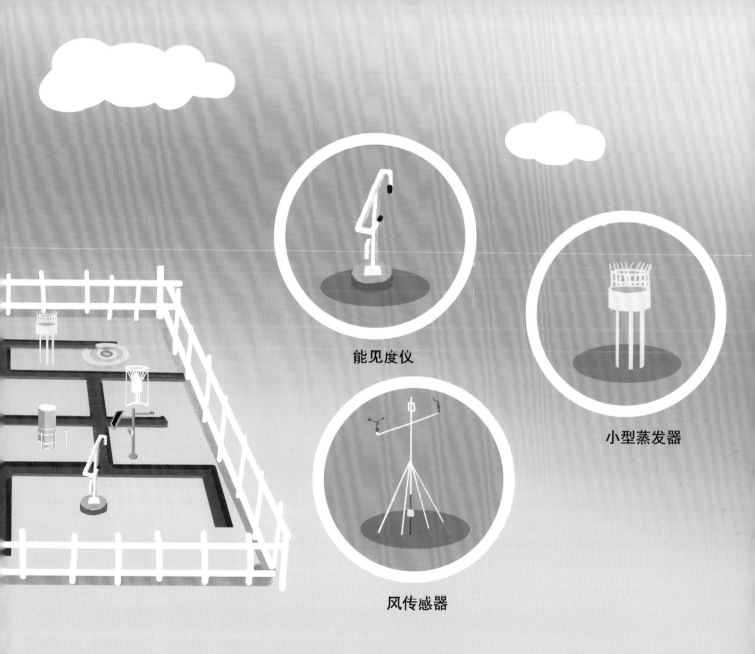

能见度仪

小型蒸发器

风传感器

冰雹

台风

雾、霾

无论风吹雨打，还是冰雹、雾、霾，甚至台风来袭，我们都会坚守岗位。因为观测、探测它们，为大家提供气象预报、服务是我们的职责。

气象观测场

我们的工作是很认真的。因为我们知道只有有代表性、准确性、连续性和可比较性的数据才能做出优质的预报产品，才能给人们带来方便。看到人们满意的笑脸是我们最幸福的事情。

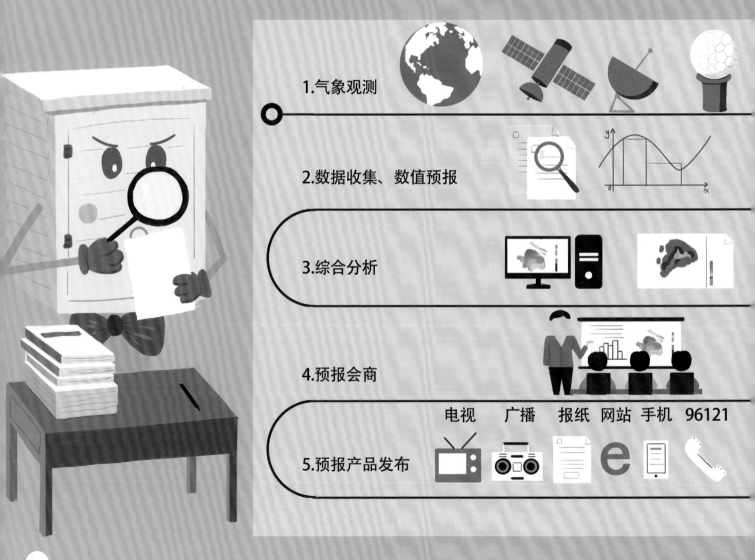

1.气象观测

2.数据收集、数值预报

3.综合分析

4.预报会商

电视　广播　报纸　网站　手机　96121

5.预报产品发布

天气预报指导人类生活安排。

但是我们时常也很苦恼。我们的家有时会被迫迁移。

有时会被高楼大厦遮挡。

有时会受到危害和干扰。

有时会被车辆碰撞。

有时会被人为破坏。

结果，我们只能"背井离乡"……

我们观测、探测的数据不准确了，预报产品的准确度就会变差。大家对我们不满意了，我们看不到他们的笑容了。

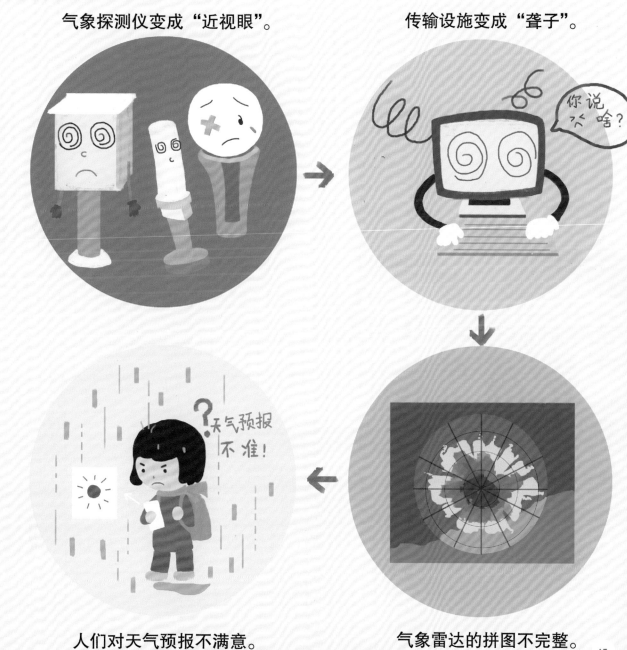

气象探测仪变成"近视眼"。

传输设施变成"聋子"。

你说啥？

气象雷达的拼图不完整。

天气预报不准！

人们对天气预报不满意。

气象设施
和气象探测
环境保护条例

发展改革　　自然资源

2012 年 12 月 1 日，我们迎来了一位新朋友。
《气象设施和气象探测环境保护条例》正式施行。

他让大家团结起来一起保护我们。

| 气象 | 住房城乡建设 | 无线电管理 | 生态环境 |

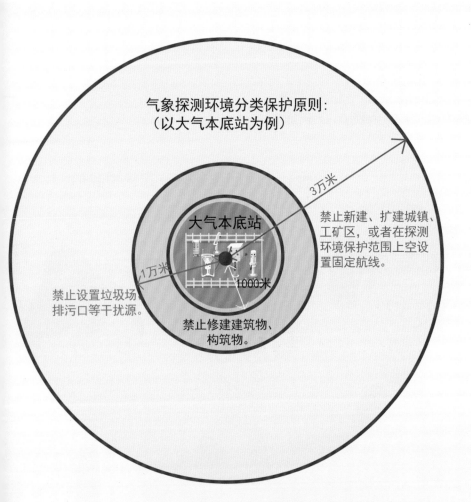

气象探测环境分类保护原则：
（以大气本底站为例）

大气本底站

3万米

禁止新建、扩建城镇、工矿区，或者在探测环境保护范围上空设置固定航线。

1万米

1000米

禁止设置垃圾场排污口等干扰源。

禁止修建建筑物、构筑物。

一些敏感、脆弱的亲戚都能得到特殊的关照。

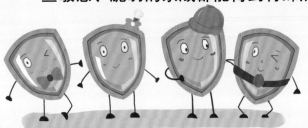

在他的帮助下，我们有了处罚违法行为的依据。

危害气象设

危害气象探测环境

一般违法：

由气象主管机构责令停止违法行为，限期恢复原状或者采取其他补救措施。

情节严重：

违法单位处1万元以上5万元以下罚款；
违法个人处100元以上1000元以下罚款；
逾期拒不恢复原状或者采取其他补救措施的，由气象主管机构依法申请人民法院强制执行。

同时还可能承担治安管理处罚或者刑事处罚。

一般违法：

由气象主管机构责令停止违法行为，限期拆除或者恢复原状。

情节严重：

违法单位处2万元以上5万元以下罚款；
违法个人处200元以上5000元以下罚款；
逾期拒不拆除或者恢复原状的，由气象主管机构依法申请人民法院强制执行。

同时可能承担损害赔偿责任。

气象设施
和气象探测
环境保护条例

GB
中华人民共和国国家标准

气象探测环境
保护规范
大气本底站

GB
中华人民共和国国家标准

气象探测环境
保护规范
天气雷达站

GB
中华人民共和国国家标准

气象探测环境
保护规范
地面气象
观测站

GB
中华人民共和国国家标准

气象探测环境
保护规范
高空气象
观测站

他让我的家人变得强壮，
我们的家也越来越坚固了。

地面气象观测站

气象探测
环境保护
规范

高空气象观测站

气象探测
环境保护
规范

大气本底站

气象探测
环境保护
规范

天气雷达站

安全管理
制度

气象探测环境
保护制度

一些保护标准和国际接轨，提高了我们国家在国际上的声誉。

气象设施
和气象探测
环境保护条例

台站迁移
审批制度

世界气象组织

OMM WMO

联合国环境规划署

UNEP

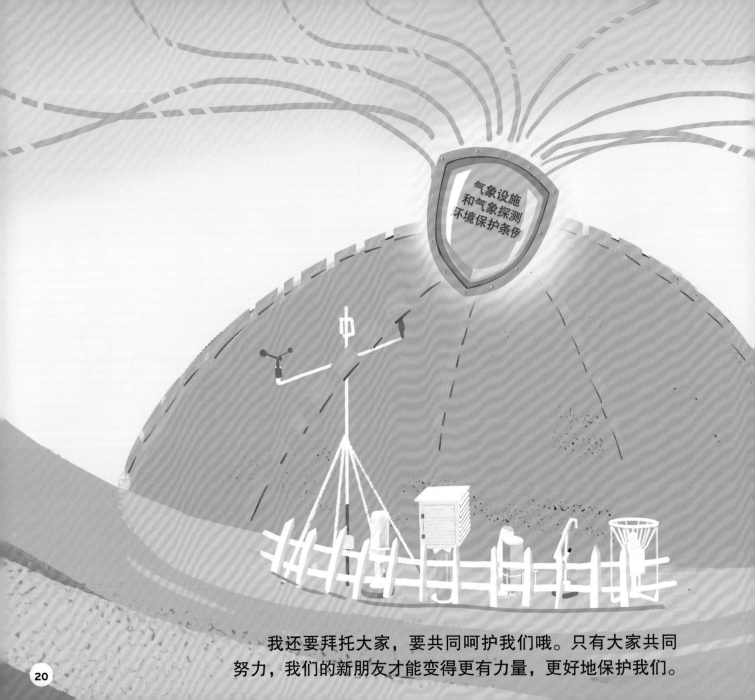

气象设施和气象探测环境保护条例

我还要拜托大家，要共同呵护我们哦。只有大家共同
努力，我们的新朋友才能变得更有力量，更好地保护我们。

空气质量：
82良

今日穿衣贴士

登山小贴士

高温
39 °C

我和家人们也会更加努力、认真地工作，满足大家对美好生活的需要。

这就是我们家的故事。

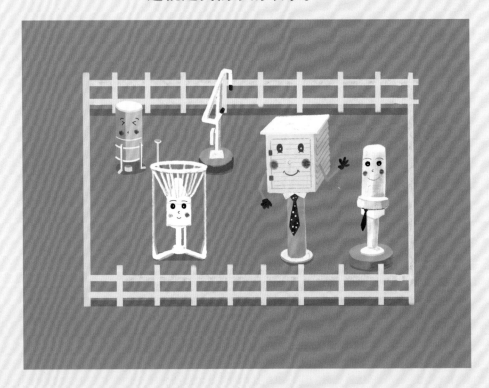